EXPOSITION UNIVERSELLE DE 1889

CONGRÈS MONÉTAIRE INTERNATIONAL

LES MÉTAUX PRÉCIEUX

ET

LA QUESTION MONÉTAIRE

RAPPORT

Sur les « Materialien » du Dr Adolphe SOETBEER

Par M. Adolphe COSTE

Secrétaire du comité d'organisation du Congrès monétaire international de 1889

PARIS

PUBLICATION DES *ANNALES ÉCONOMIQUES*

ARMAND MASSIP, DIRECTEUR

G. RONGIER ET Cie, ÉDITEURS

PLACE DE L'ÉCOLE DE MÉDECINE

4, rue Antoine-Dubois, 4

1889

CONGRÈS MONÉTAIRE INTERNATIONAL

RAPPORT

SUR LES « MATERIALIEN » DU DR ADOLPHE SOETBEER

Par M. Adolphe COSTE

Secrétaire du comité d'organisation du Congrès monétaire international de 1889

AVERTISSEMENT

La commission de statistique (1) du comité d'organisation du Congrès monétaire international de 1889, m'ayant chargé de faire une analyse du célèbre ouvrage du docteur Soetbeer sur les Métaux précieux et la Question monétaire, c'est ce travail que j'ai l'honneur de présenter au Congrès.

Ce résumé a été fait sur la 2ᵉ édition des *Materialien*, publiée à Berlin en 1886, et d'après la traduction française préparée par les soins de notre honoré collègue M. Ruau, directeur de la Monnaie. Il contient les idées principales et les conclusions du savant professeur de Gœttingue, mais il ne dispense pas de consulter les précieux documents contenus dans son ouvrage. Les hommes

(1) Cette commission de statistique est ainsi composée : M. Léon Say, président, et MM. Ad. Coste, P. Delombre, Fernand Faure, Fournier de Flaix et Alfred de Foville, rapporteurs.

d'étude et de finance pourront désormais s'y reporter aisément, grâce à la traduction française due à la libéralité de M. le ministre des finances et au zèle de M. Ruau.

Dans le présent résumé, j'ai suivi l'ordre des matières du docteur Soetbeer, et j'ai fait successivement l'analyse des sept chapitres de l'ouvrage, dont voici l'énumération :

CHAPITRE PREMIER : *Production des métaux précieux.*

CHAPITRE II : *Rapport des valeurs de l'or et de l'argent.*

CHAPITRE III : *Emploi des métaux précieux.*

CHAPITRE IV : *Importation et exportation des métaux précieux.*

CHAPITRE V : *Existence et circulation des métaux précieux dans les pays civilisés.*

CHAPITRE VI : *Escompte et cours du change.*

CHAPITRE VII : *Variations dans le prix des marchandises en général et dans le pouvoir d'achat de l'or.*

Ad. COSTE.

CHAPITRE PREMIER

Production des métaux précieux

L'auteur emprunte à ses précédents ouvrages le tableau de la production des métaux précieux depuis la découverte de l'Amérique. Il l'a complété jusqu'en 1885. Suivant sa déclaration, les chiffres de 1493 à 1686 sont établis sur des probabilités ; à partir de 1687, ils s'appuient sur des données positives.

Le tableau donne par périodes (de vingt années jusqu'en 1800, de dix années jusqu'en 1850, et de cinq années à partir de 1850) la production *annuelle* moyenne de l'or et de l'argent. Les quantités sont estimées en kilogrammes, les valeurs en marks. Au sujet de l'estimation des valeurs, M. le docteur Soetbeer présente l'observation suivante :

« La valeur du kilog. d'or fin est calculée à 2790 м. (3,444 fr. 4/9). La valeur du kilog. d'argent fin avait été calculée uniformément, dans la 1ʳᵉ édition de cet ouvrage, à 180 м. (222 fr. 2/9), car une grande période s'était écoulée pendant laquelle le rapport normal de 15 k. 1/2 d'argent pour 1 kilog. d'or était resté constant. A proprement parler, cette évaluation n'est exacte que pour la période qui s'étend du commencement de ce siècle à l'année 1870. L'emploi de ce taux pour les années suivantes a été admissible aussi longtemps que le prix moyen annuel de l'argent depuis 1873 n'a pas semblé s'éloigner par trop du prix normal que nous avions adopté ; on l'a conservé aussi longtemps que la baisse dans la valeur de l'argent a été considérée comme un phénomène temporaire et qu'on a cru au retour prochain de l'ancien rapport de l'or à l'argent. Mais la baisse de l'argent a fait un nouveau pas depuis 1885, et l'espoir d'une réhabilitation, pour ainsi dire, de ce métal ou de l'établissement dans les pays civilisés du double étalon sur la base de l'ancien rapport français, a disparu ; il semble donc nécessaire d'abandonner une évaluation uniforme de la valeur de l'argent et d'établir les calculs en tenant compte du rapport existant réellement dans les différentes périodes. »

Je ne crois utile d'emprunter au tableau de M. Soetbeer et de reproduire ici que les quantités moyennes annuellement produites. J'y joins cependant l'estimation de la valeur du kilogramme d'argent en marks, et j'en donne l'équivalence en francs sur le pied de 1 mark = 1 fr. 2345 (1).

Production totale annuelle des métaux précieux

PÉRIODES	OR KILOG.	ARGENT KILOG.	Valeur moy. d'un k. d'argent	
			EN MARKS	EN FRANCS
1493-1520	5.800	47.000	260	320.09
1521-1544	7.160	90.200	248	306.17
1545-1560	8.510	311.600	247	304.94
1561-1580	6.849	299.500	243	300. »
1581-1600	7.380	418.900	236	291.35
1601-1620	8.520	422.900	228	281.48
1621-1640	8.300	393.600	199	245.68
1641-1660	8.770	366.300	192	237.01
1661-1680	9.260	337.000	186	229.63
1681-1700	10.765	341.900	186	229.63
1701-1720	12.820	355.600	183	225.92
1721-1740	19.080	431.200	185	228.39
1741-1760	24.610	533.145	189	233.33
1761-1780	20.705	652.740	190	231.57
1781-1800	17.790	879.060	185	228.39
1801-1810	17.778	894.150	179	220.09
1811-1820	11.445	540.770	180	222.22
1821-1830	14.216	460.560	177	218.52
1831-1840	20.289	596.450	177	218.52
1841-1850	54.759	780.415	176	217.28
1851-1855	199.388	886.115	181	223.45
1856-1860	201.750	904.990	182	224.69
1861-1865	185.057	1.101.150	181	223.45
1866-1870	195.026	1.339.085	179	220.09
1871-1875	173.904	1.969.425	175	216.03
1876-1880	172.414	2.450.252	156	192.59
1881-1885	149.137	2.861.700	150	185.18

M. Soetbeer complète cet intéressant tableau par le détail de la production de l'or et de l'argent dans les différents pays producteurs,

(1) Il résulte de cette conversion en francs, des nombres fractionnaires qui donnent aux évaluations de M. Soetbeer une apparence de précision qu'il n'avait probablement pas l'intention de leur donner. Je n'ai pas cru néanmoins pouvoir me permettre de ramener ma traduction en francs à des chiffres ronds.

mais seulement pour la période de 1851 à 1885. Je ne reproduis ici que les chiffres relatifs aux quantités (en kilogrammes).

Production moyenne annuelle de l'or

PÉRIODES	États-Unis	Australasie	Russie	MEXIQUE COLOMBIE BRÉSIL	AUTRES contrées	TOTAL	ESTIMATION DU DIRECTEUR de la monnaie D'AMÉRIQUE
1851-1855	88.800	69.573	24.730	7.710	8.575	199.388	
1856-1860	77.100	82.392	26.570	7.000	8.688	201.750	
1861-1865	66.700	77.634	24.084	7.050	8.089	185.057	
1866-1870	76.000	73.526	30.050	6.940	8.540	195.026	
1871-1875	59.500	63.120	33.380	7.240	10.655	173.404	
1876	60.000	49.156	33.600	7.200	16.000	165.956	
1877	70.300	45.045	41.000	7.100	16.000	179.445	171.453
1878	76.800	43.717	42.100	7.200	16.000	185.817	170.175
1879	58.300	43.307	42.600	7.100	16.000	167.307	163.675
1880	51.200	45.215	41.400	6.700	16.000	163.515	160.152
1881	52.200	45.584	38.500	6.600	16.000	158.884	155.016
1882	48.900	44.075	32.700	6.300	16.500	148.475	118.939
1883	45.110	40.705	35.800	6.400	16.500	144.515	141.733
1884	46.343	32.400	22.908	8.000	16.500	146.151	143.381
1885	47.850						
1886							
1887							
1888							

Production moyenne annuelle de l'argent

PÉRIODES	MEXIQUE	PÉROU BOLIVIE CHILI	États-Unis	Allemagne	AUTRES contrées	TOTAL	ESTIMATION DU DIRECTEUR de la monnaie D'AMÉRIQUE
1851-1855	466.100	218.600	8.300	48.960	144.155	880.115	
1856-1860	447.800	190.400	6.200	61.510	199.080	904.990	
1861-1865	473.000	191.100	174.000	68.320	194.730	1.101.150	
1866-1870	520.000	229.800	301.000	89.125	198.260	1.339.085	
1871-1875	601.800	374.700	564.800	143.080	285.045	1.969.425	
1876	601.000	350.000	933.000	139.779	300.000	2.323.779	
1877	634.000	350.000	957.000	147.612	300.000	2.388.612	2.174.610
1878	644.000	350.000	1.089.376	167.988	300.000	2.551.364	2.282.573
1879	699.000	350.000	981.000	177.507	300.000	2.507.507	2.313.731
1880	701.000	350.000	942.987	186.011	300.000	2.479.998	2.326.941
1881	721.000	350.000	1.034.649	186.990	300.000	2.592.639	2.458.322
1882	738.000	390.000	1.126.083	214.982	300.000	2.769.065	2.690.573
1883	739.000	510.000	1.111.457	235.063	300.000	2.895.520	2.812.972
1884	785.000	450.000	1.174.205	218.117	300.000	2.957.322	2.770.610
1885			1.211.000	278.000	310.000		
1886							
1887							
1888							

On remarquera qu'à partir de 1877, M. Soetbeer a mis en regard de ses évaluations totales, celles du directeur de la Monnaie des États-Unis. Ces dernières sont, en général, un peu plus faibles. La différence porte sur les chiffres de la « production accessoire », comme l'appelle notre auteur, c'est-à-dire de la production des pays groupés sous la désignation : *Autres contrées*.

A la suite de ces tableaux, M. Soetbeer fait observer que, durant les trente-cinq années de 1851 à 1885, il a été produit 6,383,388 kil. d'or, soit 57 % du total de la production d'or depuis 1493 (11,135,458 kil.), tandis qu'il n'a été produit que 57,563,631 kilog. d'argent, soit 27 % seulement du total de la production d'argent (207,390,381 kil.).

A l'appui de sa statistique, notre auteur présente des observations sur la production de chaque pays. Je crois devoir séparer celles qui concernent la production de l'or de celles qui sont relatives à la production de l'argent.

§ 1. *Production de l'or*

En ce qui concerne la production de l'or dans les principaux pays producteurs, voici les opinions invoquées par M. Soetbeer :

États-Unis. « Si l'on considère dans leur ensemble, dit M. le professeur Lexis, les conditions de la production de l'or aux États-Unis, il faut admettre qu'on ne peut plus espérer découvrir des champs d'alluvion aussi vastes et aussi riches que ceux de la Californie, et que le lavage de l'or contribue de moins en moins à alimenter la production, bien que l'on découvre de temps en temps de nouveaux gisements venant enrayer ce mouvement rétrograde. Mais l'or provenant du traitement des alluvions ne représente plus déjà qu'une partie relativement faible de la production totale. Bien plus importante est la part provenant des anciens et immenses gisements de sables aurifères, et le montant de cette source de production pourra sans aucun doute être maintenu pendant de longues années au taux actuel, surtout si l'on écarte les difficultés extérieures qui se sont produites en Californie à la suite d'une application mal entendue du procédé hydraulique. — C'est de l'exploitation des mines de quartz qu'il faut attendre la production d'or la plus durable, et en ce moment tous les renseignements montrent une augmentation graduelle et considérable de ce genre de production. Il est déjà possible aujourd'hui de traiter des minerais beaucoup moins riches, qu'on considérait autrefois comme n'en valant pas la peine. On s'est efforcé plus particulièrement, par des procédés métallurgiques plus perfectionnés, d'éviter la perte qui provenait jusqu'ici de ce fait que l'or contenu dans les pyrites sulfureuses ou dans l'or « rouillé » est réfractaire à l'amalgamation. On peut donc admettre que la production de l'or aux États-Unis est arrivée à un point où elle se maintiendra d'une manière à peu près constante pendant de longues années, et qu'elle fournira à la prochaine génération une somme qui ne s'éloignera pas beaucoup de 110 à 120 millions de marks par an » (39,400 à 43,000 kilog.).

Australasie. Le professeur Lexis évalue à 4,520,970 onces (1) la production de l'or pour les trois années 1882-1883-1884 dans l'Australasie(non compris l'Australie du Nord), soit une moyenne de 1,507,000 onces par an, et il ajoute : « 500,000 à 550,000 onces proviennent des exploitations d'alluvions, et 950,000 à 1,000,000 d'onces de l'exploitation des mines de quartz. Dans la première catégorie, les statistiques officielles comprennent également les anciens placers exploités hydrauliquement ou de toute autre manière; ils deviendront probablement beaucoup plus nombreux dans l'avenir et fourniront pendant un temps indéterminé un contingent d'or considérable. De même l'exploitation des mines de quartz est susceptible d'un accroissement de plus en plus grand, déterminé par la colonisation du pays, l'augmentation normale de la population et l'extension des lignes de chemins de fer. Les perfectionnements métallurgiques permettront, en outre, d'extraire des minerais une quantité d'or beaucoup plus grande que cela n'a été possible jusqu'à présent. Aussi ne pourra-t-on nous traiter d'optimiste si nous estimons pour l'avenir entre 100 et 110 millions de marks la production moyenne annuelle des mines d'or de l'Australie » (35,800 à 39,400 kilog.).

Russie. « Les diverses opinions émises sur l'état et sur l'avenir de la production d'or en Russie, dit M. Soetbeer, diffèrent beaucoup entre elles. L'exploitation est conduite, au point de vue technique, d'une manière tout à fait insuffisante; très peu de gros capitalistes sont intéressés à l'entreprise et la condition des travailleurs est très mauvaise. La majeure partie des ouvriers employés au lavage de l'or se compose de criminels et de vagabonds, aussi les vols et les détournements sont-ils à l'ordre du jour. Si l'on améliorait cette

(1) 1 once poids de troy = 31 grammes 1037.

mauvaise situation, la production de l'or en Russie pourrait être considérable. Striedler, dans une étude remarquable (*Revue russe*, 1883, livraisons 8 et 9), dit, entre autres choses, que la plus grande partie de l'or russe est produite par le lavage des sables aurifères, et qu'en proportion il y a très peu de mines en exploitation. L'accroissement de la production de l'or en Russie provient de ce qu'on est sans cesse à la recherche de nouveaux gisements, car la proportion d'or contenue dans le sable, qui, au commencement, était très forte, diminue partout, excepté dans le district d'Olekminsk, et on pénètre de plus en plus dans les provinces de l'Est. De 1851 à 1860, la Sibérie orientale fournissait déjà les deux tiers de la production totale d'or en Russie; depuis 1871 cette proportion s'est encore accrue. L'attention, dans ces dernières années, s'est surtout dirigée sur les nouveaux gisements découverts dans la province de l'Amour, mais là on ne peut plus rien espérer découvrir. Striedler en conclut que les augmentations de la production de l'or en Russie, reposant sur le traitement des sables aurifères, atteindra dans peu de temps sa limite extrême. On répond à ceci que si l'on ne doit pas compter sur une ascension continuelle et de longue durée de la production de l'or en Russie, cette production gardera son niveau très élevé pendant longtemps encore, grâce aux recherches géologiques qui font de grands progrès en Sibérie et dans la province de l'Amour, grâce aussi à l'amélioration des conditions économiques de ces pays, spécialement des moyens de communication, et aux progrès dans la méthode d'exploitation... Le professeur Lexis, qui depuis longtemps s'occupe spécialement de la production des métaux précieux en Russie, est d'avis (voir *Schmollers Jahrbuch*, de 1886) que la Russie est à même d'apporter pendant de nombreuses années encore à la production d'or du globe un contingent annuel de 60,000,000 à 70,000,000 de marks » (21,500 à 25,100 kilog.)

Ces trois estimations de M. Lexis, rapportées par M. Soetbeer établiraient dans l'avenir, pour les trois principaux pays producteurs d'or, un minimum constant de production annuelle de 270 à 300 millions de marks (96,800 à 107,500 kilogrammes), tandis que leur production moyenne annuelle, de 1871 à 1884, a été, d'après M. Soetbeer, de 404,900,000 marks (145,100 kilogrammes).

Mais il est juste de faire observer que sur d'autres points, on prévoit des accroissements de production. Voici notamment ce que dit M. Soetbeer à l'occasion du Brésil :

« L'ensemble de la production annuelle de l'or au Brésil n'a été, en moyenne, dans ces dernières années, que de 1,000 kil. de fin environ. Des experts anglais prétendent que la production de l'or au Brésil est susceptible d'une grande extension, car, jusqu'à ce jour, on n'exploite que les filons à fleur de terre des gisements de quartz très étendus. La mine de Cujaba possède une quantité énorme de minerai aurifère (ce minerai a donné à l'analyse une moyenne de 0,380 onces d'or par tonne, mais on n'en extrait réellement que 0,159, ce qui occasionne une perte de 57 %); il ne s'agit que de trouver une meilleure méthode d'amalgamation pour retenir l'or réfractaire qui se perd dans les *taïllings*. »

2° *Production de l'argent*

En ce qui concerne la production de l'argent, voici les opinions émises :

États-Unis. « Les rapports officiels, dit le professeur Lexis, montrent que la richesse en argent des États et Territoires du Pacifique est inépuisable, et que le développement annuel de cette richesse dépend uniquement de l'extension des chemins de fer, des progrès de la science et du concours du capital et du travail. La baisse du prix de l'argent a principalement pour effet de laisser à l'état brut une grande quantité de minerais pauvres qu'on ne fait qu'amasser dans l'espoir de la découverte de procédés de traitement plus économiques ou de la réhabilitation de l'argent. On découvre tous les jours de nouveaux filons qui sont encore une source de bénéfices, même au prix actuel de l'argent, et qui font plus que combler les lacunes produites à d'autres places. Les rapports américains signalent d'une manière spéciale l'importance ascendante de la Californie en tant que pays producteur d'argent par suite de la découverte de mines dans la province de San-Bernardino. »

Mexique. La production y est beaucoup plus élevée que ne l'indiquent les documents officiels, parce qu'il y a une exportation importante de métaux en barres qui n'est pas déclarée. En outre la valeur des minerais exportés n'est pas portée dans les statistiques de M. Soetbeer au compte du Mexique, l'or et l'argent qui en sont retirés figurant dans la production des pays où ont lieu la fonte et l'affinage.

Sur la puissance de production des mines, voici ce qui est relevé par M. Soetbeer dans les rapports des consuls allemands :

« Dans les pays situés à la frontière nord du Mexique, dit un rapport de 1882, l'exploitation actuelle des mines d'or et d'argent et les recherches pour en découvrir de nouvelles dans les Cordillères mexicaines, riches en gisements de métaux précieux, attirent de nombreux spéculateurs; il se produit dans cette région une immigration fabuleuse de capitaux, de travailleurs, mais aussi d'aventuriers; cela rappelle tout à fait la Californie et la région de la Nevada. Dans l'état de Sonora toutes les mines exploitées appartiennent à des sociétés américaines. Ce mouvement s'étend aujourd'hui aux provinces de Sinaloa, de Ohihuahua et de Durango; et l'on peut affirmer que là-bas chaque possesseur de mines est à la recherche d'une société américaine qui lui achète son exploitation. »

On lit dans le rapport pour 1885 du consul allemand à Oaxaca : « Les efforts considérables faits dans différents centres miniers ont amené en 1884 une augmentation dans la production de l'argent, supérieure d'environ 20 % à celle des années précédentes. Le gouvernement mexicain s'est efforcé d'attirer les capitaux étrangers en accordant des privilèges spéciaux à cette industrie. Mais ces tentatives, en présence du mauvais état du marché des métaux précieux, n'ont eu que peu de succès. La plus grande partie des nombreuses et riches mines d'or et d'argent est abandonnée, soit en raison du défaut d'esprit d'entreprise et du manque des moyens d'exploitation nécessaires, soit en raison des méthodes primitives et incomplètes de traitement qui ne donnent pas de résultat rémunérateur pour les minerais pauvres. »

Cependant M. Soetbeer ajoute : « La crise de l'argent, principal article d'exportation du Mexique, atteint très fortement ce pays, mais n'a pas amené de ralentissement dans la production de ce métal. La production a été grandement facilitée, et par de nombreuses améliorations dans les moyens de communication, et par de sérieux perfectionnements dans les procédés techniques d'exploitation. L'abaissement du prix de l'argent a produit une immense extension dans l'exploitation des mines de ce métal, car tous les possesseurs de mines veulent balancer par une production plus importante, la perte qu'ils éprouvent sur le prix de l'argent. »

Pérou, Bolivie, Chili. « Une grande incertitude règne, dit M. Soetbeer, sur toutes les données relatives à la production des métaux précieux au Pérou, au Chili et en Bolivie; aussi trouve-t-on souvent de grandes différences dans les diverses évaluations. »

Dans un rapport du consul d'Allemagne à Cochambamba (Bolivie), en 1879, il est dit : « L'exploitation des mines d'argent prend chaque jour une plus grande importance. Toutes les mines exploitées possèdent de très beaux et très riches minerais, et en produisent de très grandes quantités. Les plus grandes compagnies, comme celles de Huanchaca, Colquechaca, donnent à leurs actionnaires jusqu'à 50 °/₀ de dividende. Encouragées par ces résultats, plusieurs nouvelles sociétés se sont fondées avec des capitaux considérables dans le but d'exploiter d'anciennes mines abandonnées et d'en chercher de nouvelles; on prédit un bel avenir à ces nouvelles entreprises. »

M. Soetbeer ajoute : « Un rapport du 20 février 1884, de la Société américaine de La Paz, confirme tout à fait ces observations. »

Je ne crois pas devoir suivre le savant M. Soetbeer dans son examen très détaillé des chiffres de la production des métaux précieux, aussi bien dans les principaux pays susindiqués que dans tous les autres où la production de l'or et de l'argent n'est qu'accessoire. Je me suis borné à reproduire les observations d'un caractère plus général. Elles semblent pouvoir se résumer ainsi :

En ce qui concerne la production de l'or, de nouvelles grandes découvertes d'alluvions ou de sables aurifères ne paraissent pas très probables, et le rendement des anciens placers entre dans une période plutôt décroissante; par contre, l'exploitation des quartz aurifères prend une extension de plus en plus grande et, grâce aux chemins de fer et à l'intervention de puissants capitaux, devient de plus en plus méthodique. Somme toute, on serait assuré pour de longues années d'une production d'or de 121,000 à 132,000 kilogrammes par an.

En ce qui concerne la production de l'argent, des mines nombreuses et qui semblent inépuisables, disposées tout le long de l'axe montagneux du continent américain, depuis le Canada jusqu'au Chili, fournissent, dès maintenant, une production croissant d'année en année, et n'attendent qu'un rehaussement du prix de l'argent ou un abaissement du coût de l'extraction, pour prendre un essor encore plus considérable.

CHAPITRE II

Rapport des valeurs de l'or et de l'argent

L'auteur, dès le début de ce chapitre, présente deux tableaux détaillés. Le premier donne les prix de l'argent à Londres, mois par mois, de janvier 1851 à août 1886, d'après les cotes de Pixley et Abell ; il donne, en outre, les prix moyens annuels à Hambourg.

Le second tableau présente aussi, mois par mois, le rapport de l'or à l'argent : les chiffres de 1851 à 1880 ont été calculés par le regretté docteur O.-J. Broch pour la Conférence monétaire de 1881, mais les calculs ne paraissent pas avoir été faits sur les mêmes données que le précédent tableau, car il n'y a pas toujours concordance.

Après avoir livré ces deux documents à la sagacité du lecteur, M. Soetbeer fait l'historique des variations de la valeur de l'argent depuis l'antiquité jusqu'à nos jours.

Antérieurement à la découverte de l'Amérique, les rares documents recueillis montrent des rapports de valeur entre les deux métaux variant de 1 : 13 à 1 : 10.

Pour la période comprise entre la découverte de l'Amérique et l'année 1687, des données beaucoup plus nombreuses ont permis à M. Soetbeer de dresser les évaluations suivantes, pour l'Allemagne, la France et les Pays-Bas, par périodes de vingt années.

PÉRIODES	RAPPORT MOYEN	PRIX DU KILOG. d'argent fin EN MARKS D'OR	PÉRIODES	RAPPORT MOYEN	PRIX DU KILOG. d'argent fin EN MARKS D'OR
1501-1520	1 : 10.75	200	1601-1620	1 : 12.25	228
1521-1540	1 : 11.25	248	1621-1640	1 : 14.»»	109
1541-1560	1 : 11.30	217	1641-1660	1 : 14.50	192
1561-1580	1 : 11.50	213	1661-1680	1 : 15.»»	180
1581-1600	1 : 11.80	236	1681-1700	1 : 15.»»	180

«Ce tableau montre, dit notre auteur, que pendant le xvie et le xviie siècle (malgré de nombreuses et importantes variations et exceptions, suivant les pays et les époques, quand on considère les faits un à un), il se produisit une tendance générale à l'augmentation de valeur de l'or par rapport à celle de l'argent, ou, si l'on renverse la proposition, une diminution de la valeur de l'argent. Au commencement de cette période de deux cents années on pouvait, pour 10 livres 1/2 d'argent fin, avoir 1 livre d'or fin ; à la fin de cette même période, on n'avait plus là même quantité d'or que pour 15 livres d'argent, ce qui fait une diminution de 30 % de la valeur de ce dernier métal. »

M. Soetbeer trouve que la transformation dans la valeur respective des métaux précieux qui se produisit principalement dans la première moitié du xviie siècle, offre une analogie frappante avec la transformation actuelle. Aussi pense-t-il qu'il ne faut pas négliger l'étude de cette époque.

« Quelles causes, dit-il, ont principalement amené, de 1601 à 1650, ce renchérissement extraordinaire de l'or? L'augmentation de la production de l'argent, qui a abaissé le prix de ce métal, en était-elle la seule cause? Ou la diminution de la production de l'or et la demande de plus en plus grande de ce métal y ont-elles aussi participé ? »

M. Soetbeer répond comme suit à ces questions :

« Si l'on examine les évaluations de la production des métaux précieux, on voit tout d'abord l'augmentation considérable de la production de l'argent qui a eu lieu en 1545 par suite de la richesse des mines de Potosi; on ne s'étonnera donc pas qu'à la suite de ce fait l'argent ait subi une baisse considérable de 1550 à 1600. Cette baisse a eu lieu, mais graduellement et très modérément. De 1601 à 1620, nous voyons un changement analogue se produire dans le rapport de la valeur des métaux précieux. Dans les trente ou quarante années suivantes, l'or augmente de valeur d'une manière très rapide et très forte, et cependant il ne s'était pas produit de changement extraordinaire dans la production des métaux précieux. On dira peut-être ici qu'on ne ressentait qu' à cette époque les effets de la grande production d'argent des époques précédentes, et qu'on ne devait rechercher les causes véritables de la baisse de l'argent de 1621 à 1650 que dans les quantités considérables de ce métal qui étaient exportées depuis 1545 du Pérou, de Potosi et du Mexique. On ne peut pas nier absolument cette influence, mais, à notre avis, la principale cause de la grande et continuelle augmentation de valeur de l'or depuis 1620 est que la production d'or de la Nouvelle-Grenade et du Chili n'était pas suffisante pour répondre à la demande de ce métal qui devenait de jour en jour plus forte. Cette demande était surtout amenée par le constant état de guerre dans lequel se trouvait l'Europe à cette époque. On sait, en effet, qu'en temps de crise, on amasse l'or plus qu'en aucun autre temps; en outre, le commerce international devenait de plus en plus considérable dans le courant du xviie siècle et, malgré l'extension toujours plus grande des règlements en effets de commerce, les envois de numéraire avaient augmenté. L'or, en raison de ses propres avantages et aussi pour éluder la prohibition existant déjà à cette époque d'exporter des métaux précieux, était beaucoup plus commode que l'argent pour ces envois de numéraire. Quelles qu'en puissent être les causes définitives, le fait indéniable est que, de 1621 à 1630, il s'est produit dans tous les pays civilisés un changement considérable dans le rapport de la valeur des métaux précieux. »

A partir de 1687, M. Soetbeer constate que les évaluations des prix relatifs de l'or et de l'argent reposent sur des bases certaines. De 1687 à 1833 il a emprunté ses données aux bulletins des cours de la Bourse de Hambourg, et depuis 1833 aux cotes des principaux courtiers en métaux précieux de Londres.

PÉRIODES	RAPPORT moyen	PRIX DE L'ONCE d'argent à Londres	PÉRIODES	RAPPORT moyen	PRIX DE L'ONCE d'argent à Londres
1701-1710	1 : 15.27	61 3/4 pences	1811-1820	1 : 15.51	60 13/16 pences
1711-1720	1 : 15.15	62 3/16	1821-1830	1 : 15.80	59 11/16
1721-1730	1 : 15.09	63 1/2	1831-1840	1 : 15.67	60 3/16
1731-1740	1 : 15.07	62 9/16	1841-1850	1 : 15.82	59 5/8
1741-1750	1 : 14.93	63 3/16	1851-1855	1 : 15.41	61 3/16
1751-1760	1 : 14.56	61 3/4	1856-1860	1 : 15.30	61 5/8
1761-1770	1 : 14.81	63 11/16	1861-1865	1 : 15.40	61 1/4
1771-1780	1 : 14.64	64 7/16	1866-1870	1 : 15.55	60 5/8
1781-1790	1 : 14.76	63 7/8	1871-1875	1 : 15.97	59 1/16
1791-1800	1 : 15.42	61 1/8	1876-1880	1 : 17.81	52 13/16
1801-1810	1 : 15.61	60 7/16	1881-1885	1 : 18.08	50 5/8

« Ce tableau démontre, dit M. Soetbeer, la stabilité remarquable du rapport de la valeur des deux métaux pendant une période de cent dix ans, si l'on y comprend vingt années du tableau précédent, 1681 à 1700... On aurait pu s'attendre à une baisse du prix de l'argent beaucoup plus forte, vu l'augmentation du trafic international et la grande production d'argent au Mexique. Si cette baisse n'eut pas lieu, cela provient de ce que les piastres espagnoles étaient devenues le moyen de paiement le plus employé dans la plus grande partie du commerce international ; cela provient aussi de ce que l'argent trouvait un écoulement très rapide en Orient, où l'Europe l'échangeait avec un fort bénéfice contre de l'or. On remarque même de 1751 à 1781 une baisse assez importante du prix de l'or, et ce fut, à n'en pas douter, le résultat de la production d'or au Brésil qui s'était singulièrement accrue et dont les effets se faisaient sentir à cette époque en Europe. »

Le docteur Soetbeer signale alors l'intervention des gouvernements à cette époque pour fixer le rapport de la valeur de l'or et de l'argent, et notamment la déclaration de Fontainebleau du 30 octobre 1785, qui établit pour la première fois le rapport de 1 à 15 1/2. « On ne peut prétendre, fait-il observer, que ce rapport correspondît exactement en 1785 au rapport existant réellement dans les affaires courantes, car, à cette époque, le mark d'or ne valait réellement que 15 marks d'argent. La nouvelle ordonnance monétaire française avait clairement pour but d'élever le cours et la valeur nominale des nouvelles monnaies d'or, d'attirer ainsi les apports de ce métal dans les Hôtels monétaires et d'empêcher la fonte et l'exportation à l'étranger de ces nouvelles espèces...

« Depuis cette époque, le rapport de la valeur de l'or et de l'argent a changé en faveur de l'or... Les motifs de ce changement sont principalement l'état de guerre dans lequel s'est trouvée l'Europe jusqu'en 1815 et une production extraordinaire des mines d'argent du Mexique jusqu'en 1810, concordant avec une forte réduction de la production des mines d'or du Brésil. Quand la paix générale eut lieu, les paiements en espèce reprirent en Angleterre sur le pied de l'étalon d'or, ce qui amena une forte demande d'or, et le rapport devint environ 1 : 16, en faveur de ce métal. Depuis cette époque jusqu'en 1850, le rapport garda une certaine stabilité entre 1 : 15,95 et 1 : 15,62. L'or diminua principalement de prix les années où l'Angleterre avait besoin de grandes provisions de blé, car elle le payait en or qui se répandait sur le continent. Si l'or n'a pas plus augmenté de valeur pendant cette période, la cause en est dans l'accroissement de la production d'or en Russie qui compensait très heureusement la diminution de l'importation en Europe de l'or du Brésil, du Chili et de la Nouvelle-Grenade.

« La production proportionnelle des deux métaux fut com-

	PRIX DES MÉTAUX PRÉCIEUX A PARIS D'après Clément JUGLAR (Prime ou perte par 1.000 francs)						PRIX DE L'ARGENT A LONDRES D'après PIXLEY et ABELL (Pence par once standard au titre de 0,925.)		
	OR			ARGENT					
	MAXIMUM	MINIMUM	MOYENNE	MAXIMUM	MINIMUM	MOYENNE	MAXIMUM	MINIMUM	MOYENNE
1876	Pair	— 3/4	— 3/8	— 225	— 35	— 130	58 1/8	46 3/4	52 3/4
1877	+ 1	— 1	Pair	— 110	— 35	— 72 1/2	58 1/4	53 1/4	54 13/16
1878	+ 2 1/2	Pair	+ 1 1/4	— 170	— 98	— 134	55 1/4	49 1/2	52 9/16
1879	+ 6	Pair	+ 3	— 175	— 100	— 137 1/2	53 3/4	48 7/8	51 1/4
1880	+ 7	Pair	+ 3 1/2	— 135	— 117	— 126	52 7/8	51 5/8	52 1/4
1881	+ 7	+ 2	+ 4 1/2	— 140	— 115	— 127 1/2	52 7/8	50 7/8	51 11/16
1882	+ 4	Pair	+ 2	— 160	— 129	— 141 1/2	52 7/16	50	51 5/8
1883	+ 3	Pair	+ 1 1/2	— 167	— 146	— 156 1/2	51 3/16	50	50 9/16
1884	+ 4 1/2	+ 1	+ 2 3/4	— 162	— 155	— 158 1/2	51 3/8	49 1/2	50 5/8
1885	+ 5	Pair	+ 2 1/2	— 220	— 165	— 192 1/2	50	46 7/8	48 5/8
1886 (1er sem.)	+ 1	Pair	+ 1/2	— 250	— 215	— 232 1/2	46 15/16	44 11/16	46 1/16

NOTA. — La prime est marquée par le signe +, la perte par le signe —.

Je rappelle ici que, d'après la formule suivante : (Prix de l'argent en pence) $\times$ (Rapport de l'or) = 942,9056 (constante) on a les concordances suivantes :

61 pence	15.46	55 pence	17.14	49 pence	19.24	43 pence	21.93
60 —	15.71	54 —	17.46	48 —	19.64	42 —	22.43
59 —	15.98	53 —	17.79	47 —	20.06	41 —	23.»»
58 —	16.26	52 —	18.13	46 —	20.50		
57 —	16.54	51 —	18.49	45 —	20.95		
56 —	16.84	50 —	18.86	44 —	21.43		

plètement changée par la découverte et l'exploitation des gisements d'or de Californie et d'Australie; l'or produit forma les deux tiers et l'argent seulement un tiers de la valeur de la production totale, soit l'inverse de la proportion existant avant cette découverte. A la même époque, les exportations d'argent en Asie orientale augmentèrent d'une façon considérable et on pouvait s'attendre à une dépréciation inévitable de l'or...

« De 1867 à 1872, le rapport moyen de la valeur de l'or et de l'argent est resté stationnaire aux environs de 1 : 15,50, mais toujours un peu en faveur de l'or. Depuis 1873, la hausse de ce métal s'accentua de plus en plus. C'est ce fait justement qui rappelle l'exemple des années 1620 à 1650, et qui, depuis cette époque, excite au plus haut degré l'intérêt des gouvernements, des économistes et des commerçants. »

Le docteur Soetbeer n'entre pas dans la discussion des causes qui ont amené la dépréciation de l'argent, il se borne à la mettre en lumière par le tableau des prix maxima, minima et moyens pour les années postérieures à 1875, à Paris et à Londres. (*Voir le tableau ci-contre.*)

« Le prix de l'argent au mois d'août 1886, était de $42\frac{5}{16}$ pence par once standard, soit 125 marks par kilog. de fin. Ce prix, comparé au prix moyen de l'argent pendant les cinquante années comprises entre 1821 et 1870 ($60\frac{5}{8}$ pence par once standard = 179 marks par kilog. de fin), accuse une diminution dans le prix de l'argent de $18\frac{5}{16}$ pence, c'est-à-dire de 30,20 %. »

CHAPITRE III

Emploi des métaux précieux

Le docteur Soetbeer fait remarquer que la statistique de la consommation ou de l'emploi des métaux précieux a une importance tout aussi grande que celle de leur production.

Il distingue trois modes d'emploi :

1° L'usage monétaire ;

2° L'usage industriel (bijouterie, horlogerie, argenterie, dorure, etc.) ;

3° L'exportation dans les pays en dehors de notre civilisation, d'où les métaux précieux ne reviennent plus.

Enfin, pour expliquer les différences qui subsistent entre les chiffres de la production et les chiffres de la consommation ou des emplois définis, notre auteur admet l'existence d'une réserve occulte dans les pays civilisés, comprenant les thésaurisations de toutes sortes, les existences de métaux précieux n'ayant ni fonction monétaire ni fonction industrielle, ne servant ni de garantie aux titres de crédit ni de matière ou de provision pour les objets d'orfèvrerie et d'argenterie.

La statistique qui offre, sans contredit, le moins d'obscurité, est celle de la frappe des métaux précieux dans les principaux pays civilisés. M. Soetbeer la donne par périodes décennales, de 1851 à 1885, et par pays.

Je la résume par trois grandes périodes : 1851-1870, 1871-1880, 1881-1885, et pour permettre la comparaison, je fais ressortir la moyenne annuelle pour chaque période.

PÉRIODE	OR Mille M.	ARGENT (Val. nom.) Mille M.	MOYENNE ANNUELLE	
			OR Mille M.	ARGENT Mille M.
1851—1870	12.027.455	3.259.480	631.372.7	163.074.0
1871—1880	7.070.078	3.126.107	707.007.8	312.610.7
1881—1885	2.706.096	1.120.312	539.399.2	221.002.4
1851—1885	23.104.429	7.506.109		

Quels que soient la valeur et l'intérêt des statistiques du monnayage, M. Soetbeer nous avertit incidemment qu'il n'y attache pas une très grande importance pour l'étude de l'emploi des métaux précieux. En effet, il répond à une critique de M. Giffen, par l'observation suivante : « Il n'est pas très important, dit-il, en ce qui concerne la question des prix et de l'étalon monétaire, de distinguer si l'or employé dans l'industrie provient d'or monnayé ou non monnayé. Le monnayage de l'or n'augmente annuellement que de la différence entre la production nouvelle et la quantité employée dans l'industrie, exportée en Orient, ou détruite. *Les quantités frappées n'ont pas en elles-mêmes grande importance*, car une grande partie des pièces d'or nouvellement frappées (comme les demi-impériales russes) est aussitôt fondue et n'entre jamais dans la circulation... Nous pensons, ajoute-t-il plus loin, qu'une moitié ou peut-être plus de l'or employé dans l'industrie provient de la refonte des monnaies... »

En sorte que le véritable problème que s'est posé dans son chapitre III le docteur Soetbeer, peut se formuler ainsi :

Étant donné le chiffre annuel de la production des métaux précieux, en défalquer les quantités absorbées par le frai, par les emplois industriels et par les exportations en Orient, pour déterminer un reste constituant l'emploi monétaire et la réserve occulte.

Dans cet ordre d'idées, on conçoit que l'auteur se soit efforcé avec le plus grand soin d'établir l'importance respective de ces différents emplois.

§ 1. *Frai de la monnaie*

En ce qui concerne le frai des monnaies, autrement dit la perte résultant de l'usure des pièces d'or et d'argent, M. Soetbeer la croit beaucoup plus faible qu'on ne l'a supposé jusqu'ici, « surtout, dit-il, à notre époque où l'art monétaire et les opérations de banque ont fait de si grands progrès, et où les grosses monnaies d'or forment la principale partie du fonds universel d'or monnayé en circulation. » Il rappelle différentes expériences qu'on peut résumer ainsi :

	Perte moyenne annuelle.
France et Suisse, pièces de 20 francs	1/5 pour 1000
Allemagne, doubles couronnes	1/7 —
Angleterre, souverains	1/4 à 1/3 —
— demi-souverains	1 —

et il conclut à une perte d'or annuelle de 700 ou 800 kilog. pour une circulation monnayée, dans les pays civilisés, de 11 ou 12 milliards de marks (3,942,000 à 4,301,000 kilog.).

Sur l'argent, le frai est beaucoup plus sensible; néanmoins, « en y comprenant toutes les pertes accidentelles, si on estime cette perte à 50,000 kilog. par an, on l'aura estimée, dit notre auteur, plutôt trop forte que trop faible, et, malgré cela, elle ne s'élève même pas à 2 % de la production annuelle de l'argent à notre époque. »

2. *Emplois industriels*

M. Soetbeer passe en revue dans ce paragraphe tous les pays de notre civilisation possédant des industries qui emploient les métaux précieux. Il accorde une attention particulière aux États-Unis, où se sont faites, à différentes reprises, des enquêtes sur l'emploi industriel de l'or et de l'argent. Je reproduis par catégories industrielles les chiffres totaux obtenus par M. Burchard en 1883; j'en rapproche les chiffres donnés en 1885 par M. Kimball, directeur actuel de la Monnaie des Etats-Unis, et que M. Soetbeer n'a pu insérer qu'après coup à la fin de son chapitre.

Emplois industriels de l'or aux États-Unis

	Enquête BURCHARD en 1883	Enquête KIMBALL en 1885
Joaillerie et horlogerie............Dollars	12.400.608	8 809.876
Orfèvrerie (vaisselle, couverts, etc.)........	528.868	677.715
Feuilles d'or............	1.081.821	677.354
Instruments de chirurgie, app. dentaires..	43.111	174.786
Optique............	215.428	131.293
Plumes d'or............	115.921	56.485
Produits chimiques............	31.611	56.376
Divers............	»	190.911
Dollars	14.459.461	10.837.700

M. Soetbeer conclut des chiffres réduits de la seconde enquête, que l'on est parvenu à éliminer un certain nombre de doubles emplois figurant dans les chiffres de la première, mais il pense aussi que la consommation des métaux précieux a diminué aux États-Unis depuis 1883.

Emplois industriels de l'argent aux États-Unis

	Enquête BURCHARD en 1883	Enquête KIMBALL en 1885
Joaillerie et horlogerie............Dollars	2.975.691	1.167.212
Argenterie.........................	2.066.291	1.302.632
Feuilles d'argent....................	46.883	49.121
Instruments de chirurgie, app. dentaires...	20.728	127.801
Optique............................	23.783	48.918
Plumes............................	6.730	4.058
Produits chimiques,.................	416.419	381.088
Divers.............................	»	7.523
Dollars	5.556.530	3.475.413

Nous ne suivrons pas notre savant auteur dans le détail de ses
investigations en Angleterre, en France, en Suisse, en Allemagne,
en Autriche-Hongrie, aux Pays-Bas, en Belgique, en Suède et
Norvège, en Russie. Partout il constate qu'avec le développement
de la population et du bien-être, l'emploi industriel de l'or a beaucoup augmenté. « Malheureusement, dit-il, on ne voit pas appa-
raître jusqu'à ce jour un progrès aussi considérable en ce qui
concerne l'emploi industriel de l'argent. »

Voici, du reste, le tableau dans lequel il résume son évaluation
de l'emploi industriel qui se fait actuellement chaque année des
métaux précieux, et qui se totalise par 90,000 kilog. d'or et
515,000 kilog. d'argent, déduction faite du remploi des vieilles
matières, évalué en moyenne à 15 ou 20 % pour l'or et à 20 ou 25 %
pour l'argent.

Emploi industriel des métaux précieux

PAYS	OR			ARGENT		
	Emploi brut	Vieilles matières	Emploi net	Emploi brut	Vieilles matières	Emploi net
	Kil.	Kil.	Kil.	Kil.	Kil.	Kil.
États-Unis..............	21.700	2.200	19.500	135.000	20.000	115.000
Grande-Bretagne......	20.000	3.000	17.000	90.000	18.000	72.000
France..............	21.000	4.200	16.800	100.000	25.000	75.000
Allemagne............	15.000	3.000	12.000	110.000	28.000	82.000
Suisse...............	15.000	4.500	10.500	32.000	8.000	24.000
Pays-Bas-Belgique....	3.200	300	2.900	30.000	6.000	24.000
Autriche-Hongrie......	2.800	400	2.400	40.000	8.000	32.000
Italie.................	6.000	1.500	4.500	25.000	6.000	19.000
Russie................	3.000	600	2.400	40.000	8.000	32.000
Autres pays..........	2.300	300	2.000	50.000	10.000	40.000
TOTAUX......	110.000	20.000	90.000	652.000	137.000	515.000

3. *Écoulement des métaux précieux hors des pays de notre civilisation*

« De mémoire d'homme, dit M. Soetbeer, l'exportation des marchandises de l'Inde a toujours été supérieure, et de beaucoup, à l'importation des marchandises, ce qui a toujours eu pour conséquence un afflux considérable de métaux précieux. ... Pline, écrivain latin, mort en 79 après J.-C., se plaint déjà qu'il ne se passe pas d'année où l'Inde ne prenne moins de 5,000,000 de sesterces, ce qui aujourd'hui voudrait dire 10,800,000 marks. Dans un journal de voyages du français Bernier, publié en 1699, on voit que ce voyageur, qui avait passé plusieurs années à la cour de Delhi, écrivait au ministre Colbert ce qui suit sur les relations commerciales de l'Inde : « Quand l'or et l'argent ont circulé dans « le monde entier, ils s'écoulent finalement vers l'Inde, comme « dans un gouffre, d'où ils ne reviennent jamais. » Alexandre de Humboldt a évalué, pour la fin du xviii° siècle, l'écoulement de l'argent vers l'Inde et l'Asie orientale à environ 25 millions de piastres par an... M. Van den Berg, pour le xviii° siècle tout entier, estime à environ 23 millions de marks par an l'exportation de l'argent d'Europe aux Indes orientales !...»

En ce siècle, l'écoulement des métaux précieux vers l'Inde a subi des phases diverses. De 1801 à 1813, l'importation des métaux précieux à Calcutta, Bombay et Madras était annuellement de 40 millions de marks. Elle s'est élevée à 90 millions de marks après l'abolition de la C¹° des Indes orientales, pour disparaître presque entièrement ensuite pendant quelque temps. De 1834 à 1850, l'excédent des importations (de métaux précieux) resta à peu près constante aux environs de 50 millions de marks par an. De 1851 à 1885 le total des excédents d'importation des marchandises de l'Inde, d'après les données officielles du commerce de ce pays, s'est élevé, en trente-cinq ans, à la somme phénoménale de 6,893 millions de roupies. (Le total des excédents d'importation des métaux précieux pendant la même période s'élève officiellement à 3,590 millions de roupies (1), savoir : 2,392 millions en argent et 1,197 millions en or.)

Quel est l'emploi des énormes sommes d'or et d'argent qui restent dans l'Inde? — « Une petite partie de l'or importé, dit M. Soet-

---

(1) La roupie équivaut en poids d'argent fin à 2 fr. 37 1/2.

beer, est frappée en monnaies du pays ; en cinquante ans, c'est-à-dire depuis 1835, cette frappe ne s'est élevée qu'à 2,352,399 roupies. Le reste (environ 1,276 millions de roupies) a servi à fabriquer des bijoux ou a été accumulé sous forme de souverains anglais ou australiens par les riches indigènes ou par les princes indiens dans leurs trésors. L'or, une fois parti dans l'Inde, est perdu presque sans exception pour la circulation. Les indigènes sont naturellement des observateurs attentifs dans ces questions, et il ne leur a pas échappé, dans ces derniers temps, que la valeur de l'argent par rapport à celle de l'or avait diminué dans les bazars, aussi les bijoux et les réserves d'argent sont-ils beaucoup moins prisés dans ces dernières années ; dans l'Inde comme ailleurs, l'or tend de plus en plus à remplacer l'argent (1).

« Tout l'*argent* importé a été converti en roupies. Une partie importante de ces roupies est encore dans la circulation, dans les trésoreries du gouvernement ou dans les banques ; le reste de ces monnaies a servi à la fabrication de bijoux, soit qu'on les ait refondues, soit qu'on les ait employées telles quelles ; une partie repose encore dans les trésors. »

Dans ces dernières années, la moyenne des excédents annuels d'exportation des marchandises de l'Inde a augmenté notablement, et cependant la moyenne des excédents annuels d'importation de l'argent a diminué. Pourtant, « en raison de l'augmentation de la production de l'argent et de sa baisse de prix, on devait s'attendre à une augmentation plutôt qu'à une diminution dans l'importation de ce métal ». M. Soetbeer emprunte cette observation au *Banker's Magazine* de Londres (mai 1886).

L'explication de ce fait est dans l'application d'une partie des excédents d'exportation des marchandises au paiement des intérêts de la dette de l'Inde. On constate, en effet, l'accroissement progressif des « Council bills », c'est-à-dire des traites sur les caisses de l'Inde négociées à Londres par le Gouvernement indien. Outre les intérêts de la dette, il y a des remises de fonds importantes faites en Europe pour le compte des Européens établis dans l'Inde.

M. Soetbeer cite aussi l'opinion de M. Barfour, secrétaire des

---

(1) Dans une longue note fort intéressante, M. Soetbeer fait part de ses informations personnelles au sujet de l'augmentation considérable des prix des denrées et de la main d'œuvre (50 °/o) aux Indes durant ces dernières années ; il montre aussi la passion croissante des Hindous pour les bijoux d'or.

Variations du Stock d'or monnayé des pays civilisés.

	Production de l'Or	EMPLOI NON MONÉTAIRE DE L'OR				Emploi monétaire et Réserves	Stock monétaire et Réserves à la fin des différentes périodes	
		Frais et Pertes	Emploi industriel net	Écoulement en Asie et en Afrique	Total		KIL.	MILLION DE M.
1850	—	—	—	—	—	—	1.200.000	3.348
1851-1860	2.006.000	5.000	280.000	100.000	385.000	1.621.000	2.821.000	7.871
1861-1870	1.900.000	7.000	570.000	300.000	877.000	1.023.000	3.844.000	10.725
1871-1880	1.732.000	8.000	840.000	110.000	958.000	774.000 (dix ans)	4.618.000	12.884
1881-1885	746.000	4.000	420.000	150.000	574.000	172.000 (cinq ans)	4.790.000	13.384

finances pour l'Inde, qui a publié à Calcutta un ouvrage remarquable (*The theory of bimetallism and the effects of the partial demonetisation of silver on England and India*).

« L'opinion généralement répandue, dit M. Barfour, est que l'Inde peut absorber toute quantité d'argent et que cette absorption dépend uniquement du prix des produits indiens; cette opinion n'est pas exacte.... L'Inde a besoin d'une importation annuelle (d'argent) de 30,000,000 de roupies environ, et peut-être du double. Il n'est pas probable que ces quantités soient dépassées dans l'avenir, à moins d'emprunts gouvernementaux importants ou d'événements imprévus. »

Le docteur Soetbeer examine ensuite l'importation des métaux précieux dans les autres pays d'Orient (Chine, Japon, Colonies hollandaises), et il arrive à cette conclusion :

« Si nous récapitulons d'une manière approximative les quantités de métaux précieux qui ont été enlevées ces cinq dernières années (1881-85) au stock monétaire des pays civilisés par l'exportation *en Asie et en Afrique*, nous n'exagérerons pas en les évaluant à environ 30,000 kg. d'or et 1,500,000 kg. d'argent et même plus, en moyenne par an. »

Comme conclusion, notre auteur a dressé le précieux tableau qui va suivre des « variations qui se sont produites de 1851 à 1885 dans le stock d'or monnayé des pays civilisés. » (*Voir ci-contre.*)

En ce qui concerne l'argent, M. Soetbeer n'a pas cru pouvoir tenter la même évaluation; il a même supprimé le tableau y relatif qui figurait dans la première édition.

Il n'entre pas dans mon rôle de rapporteur de suppléer au silence d'un savant tel que M. Soetbeer; je me bornerai simplement à rapprocher pour les deux métaux les principales données contenues dans ce chapitre.

Consommations annuelles	OR kil.	ARGENT kil.
Frai des monnaies..............	700 ou 000	50,000
Emploi industriel net...........	90.000	515.000
Exportation en Asie et en Afrique.	30.000	1.500.000
Ensemble........	120.800	2.065.000
Production annuelle (1881-85)....	149.137	2.861.709
Restes imputables à l'emploi monétaire ou à la réserve occulte.. ..	28.337	796.709
Soit par rapport à la production	19 %	27 à 28 %

Je crois devoir terminer l'analyse de ce chapitre par le mot même de M. Soetbeer : « On ne peut nier la grande incertitude qui règne dans toutes les évaluations à ce sujet. »

CHAPITRE IV

Importation et exportation des métaux précieux

M. Soetbeer constate l'importance que l'on attache dans tous les pays à la statistique du mouvement des métaux précieux, et qui semble une tradition de l'ancien *système commercial*, mais il fait ressortir en même temps l'incertitude des données officielles à cet égard. On peut en juger par la discordance extraordinaire qui s'observe dans les chiffres respectifs fournis par les nations entre lesquelles se produit le mouvement d'importation et d'exportation. Il n'y a guère de concordance qu'entre les statistiques réciproques de l'Angleterre et des États-Unis. Partout ailleurs, il faut renoncer à vérifier l'exactitude des mouvements des métaux précieux par le contrôle des contre-parties.

En ce qui concerne les différents pays considérés en particulier, il peut néanmoins être intéressant de considérer les variations du mouvement des métaux précieux suivant les périodes. M. Soetbeer reproduit les statistiques officielles année par année. Je les résume dans un tableau synoptique par années et par périodes.

	GRANDE BRETAGNE				FRANCE				ITALIE				ETATS-UNIS				ALLEMAGNE				Pays-Bas, Belgique, Autre-Hongrie, Russie, E. scandinaves, Espagne.	
	OR		ARG.		OR		ARG.		OR		ARG.		OR		ARG.		OR		ARG.		OR ET ARGENT	
	Excédents d'Imp.	Exp.	Imp.	Exp.	Imp.	Exp.	Imp.	Exp.	Imp.	Exp.	Imp.	Exp.	Imp.	Exp.	Imp.	Exp.	Imp.	Exp.	Imp.	Exp.	Imp.	Exp.
	Millions de liv. st.				Millions de francs.				Millions de lires				Millions de dollars				Millions de marks				Millions de fr.	
1871	0.9	—	3 5	—	—	214	16		»	»	—	9	—	59.8	—	17.4	»	»	»	»		
1872	—	1.3	0.6	—	—	53	102	—	»	»	—	1	—	40.8	—	25.3	—	66	90	—		
1873	1.5	—	3.2	—	—	109	181	—	»	»	24	—	—	36.2	—	27.0	301	—	13	—		
1874	7.4	—	0.09	—	431	—	361	—	»	»	2	—	—	14.5	—	23.6	—	18	—	21		
1875	4.5	—	1.1	—	470	—	185	—	»	»	—	3	—	53.3	—	17.9	—	13	—	9		
1876	7.0	—	0.6	—	504	—	140	—	»	»	12	—	—	23.2	—	17.4	66	—	—	13		
1877	—	4.9	2.3	—	436	—	106	—	»	»	—	4	—	0.3	—	13.0	26	—	10	—		
1878	5.9	—	—	0.2	236	—	119	—	—	13	—	22	4.1	—	—	8.0	167	—	12	—		
1879	—	4.2	—	0.2	—	168	76	—	—	24	3	—	1.0	—	—	5.7	81	—	—	7		
1880	—	2.4	—	0.3	—	213	39	—	—	0.4	11	—	77.1	—	—	1.2	—	9	—	3		
1881	—	5.5	—	0.1	10	—	51	—	54	—	11	—	97.5	—	—	6.3	—	31	—	4		
1882	2.4	—	0.3	—	—	20	—	29	63	—	50	—	1.8	—	—	8.7	—	11	—	8		
1883	0.7	—	0.1	—	—	70	—	13	34	—	42	—	6.1	—	—	9.5	—	21	—	14		
1884	—	1.3	—	0.4	46	—	55	—	9	—	—	14	—	18.3	—	11.5	—	13	—	26		
1885	1.4	—	—	0.4					—	90	19	—	18.2	—	—	17.2	18	—	—	16		
1858-60	11.4	—	—	2.7	(1851-60) 3.184	—	—	1.390					(1851-60) —	—	—	417.4						
1861-70	55.5	—	0.7	—	1.910	—	305	—	(1862-70) —	—	—	10	» —	»	—	351.4						
1871-75	13.0	—	8.4	—	526	—	845	—	»	»	13	—	—	204.6	—	111.1	(1872-75) 204	—	82	—		
1876-80	1.4	—	2.3	—	705	—	480	—	»	»	—	37	58.8	—	—	47.4	332	—	—	—	592	—
1881-83	—	2.3	—	0.5	—	44	62	—	69	—	100	—	105.4	—	—	53.2	—	60	—	69	144 (1881-84)	203

NOTA. — Les résultats de la dernière colonne sont surtout influencés par les excédents d'exportation (or et argent) de la Russie : 1871-75, 86 millions b, 1876-80, 462 millions ; 1881-84, 565 millions de francs.

CHAPITRE V

Existences et circulation des métaux précieux dans les pays civilisés

En entreprenant la statistique des circulations et des stocks monétaires, le docteur Soetbeer fait remarquer que les informations relatives aux encaisses des banques importantes et aux Trésors de quelques États reposent sur des données précises ; or, c'est la partie la plus mobile du stock monétaire ; l'autre partie, qui reste en la possession du public, demeure à peu près constante dans chaque contrée, aussi longtemps du moins qu'il ne se produit pas d'événements extraordinaires.

En ce qui concerne la circulation non métallique, notre auteur fait observer qu'il ne suffit pas de considérer l'importance des billets de banque sans couverture métallique et qu'il faudrait aussi envisager l'ensemble des dépôts et des autres obligations exigibles auquel l'encaisse métallique des banques doit faire face. Dans sa statistique, M. Soetbeer n'a pu néanmoins comprendre dans la circulation que les billets de banque. Je combine ici dans un même tableau, en les abrégeant, les deux récapitulations fournies par M. Soetbeer pour les encaisses en or des banques, de 1872 à 1885, et pour les évaluations des stocks monétaires fin 1885.

M. Soetbeer dans son tableau récapitulatif des encaisses-or des banques, n'a pas fait figurer la Banque de l'Empire (Banque de Prusse) et les autres banques d'émission de l'Allemagne ; il se plaint, en effet, de n'avoir pu obtenir la décomposition de l'encaisse de la Banque de l'empire, dont il estime le fonds moyen en argent à 260 ou 280.000.000 de marks (sur une encaisse totale de 618 242.000 marks). Pour les autres banques d'émission de l'Allemagne, en octobre 1885, l'encaisse - or était de 77.966.000 marks d'or; l'encaisse - argent de 2.716.000 marks en thalers, et de 1.067.000 marks en monnaies d'argent de l'Empire.

BANQUES ET TRÉSORS	ENCAISSES-OR DES BANQUES fin 1885 (Millions de marks)		STOCKS MONÉTAIRES en 1885 (Millions de marks)		PAYS	PROPORTION DE L'OR 0/0
	par banque	groupe-ment	or	or et argent		
B. d'Angleterre, banques d'Irlande et d'Ecosse..	564.8	564.8	2.220	2.682	Grande - Bretagne......	84
Bᵉ d'Australie............	263.6	»	680	740	Colonies anglaises (sauf l'Inde)...	91
B. des Pays-Bas.........	81.4	81.4	80	340	Pays-Bas.....	23
B. nationale belge.......	55.6				Belgique......	
B. de France............	925.0				France.......	
Bᵉ d'émission italiennes et Trésor italien........	306.8	1.417.6	4.105	7.305	Italie.........	57
Bᵉ d'émission suisses....	39.3				Suisse.......	
B. austro-hongroise.....	138.1	138.1	160	530	Autriche-Hongrie.,	30
B. de l'Empire et autres banques d'émission de l'Allemagne et Trésor de guerre.............	»	»	1.744	2.636	Allemagne ...	66
B. impériale et autres banques d'émission suédoises............	24.6					
B. de Norvège.........	21.8	98.4	.115	157	États scandinaves.,	73
B. nationale danoise.....	52.0					
B. d'État russe.........	545.1	545.1	770	1.050	Russie,..,....	73
Trésor et banques nationales des Etats-Unis...	1.408.1	1.408.1	2.464	3.758	États-Unis....	66
Diverses banques.......	»	»	936	1.030	Autres états d'Europe et d'Amériq.	48
Totaux et moyenne..			13.364	21.207		63

Observation. — M. Soetbeer fait observer que « ceux qui voudront avoir une évaluation spéciale de la circulation des monnaies dans un pays (la circulation privée), n'auront qu'à soustraire de la quantité totale le montant de l'encaisse des banques ». Le présent tableau ne permet cette évaluation que pour l'or, M. Soetbeer n'ayant point recensé les encaisses-argent.

Voici maintenant l'évaluation détaillée du stock monétaire et de la circulation de chaque pays :

Angleterre.

	D'après M. Freemantle Fin 1881.	D'après M. Haupt. Fin 1885.
	(En mille liv. st.)	
Or dans les banques............ ⎫	123.300	36.000
Or dans la circulation.......... ⎭		75.000
Argent (monnaies d')...........	19.877	21.600
Bronze (id.)		1.600
ENSEMBLE.........	143.186	131.200
Billets sans couverture...... ...		12.000
TOTAL...........................		146.200

Colonies anglaises (moins l'Inde, l'Asie australe et l'île Maurice.

Or plus de...................................	12.000.000
Argent id.	2.000.000
L. st........	14.000.000

Pays-Bas et Colonies.

	D'après M. Haupt. Hollande.	Colonies.
	(En mille florins.)	
Or à la Banque.................	48.000	
Or dans la circulation..........	15.000	3.000
Argent à la Banque............	96.000	
Argent dans la circulation	55.000	100.000
Monnaie divisionnaire..........	9.000	18.000
ENSEMBLE.........	223.000	211.000
Papier-Monnaie de l'État.........	10.000	
Billets sans couverture......	50.000	
TOTAL fin 1885.........	491.000	

France.

	D'après M. De Foville.	D'après M. Haupt.	D'après M. Soetbeer.
	(En milliers de francs.)		
Or à la Banque........... ⎫	5.118	1.157	4.200
Or dans la circulation. .... ⎭		3.300	
Argent à la Banque....... ⎫	2.800	1.086	3.000
Argent dans la circulation.. ⎭		2.400	
Argent divisionnaire........,		250	
Bronze.................		60	300
ENSEMBLE..........	7.918	8.253	7.500
Billets sans couverture....		675	
TOTAL fin 1885.......		Fr. 8.028	

Belgique

	(Mille francs)
Or à la Banque	69.500
Or dans la circulation	310.500
Argent à la Banque	33.700
Argent dans la circulation	217.300
Argent divisionnaire	48.000
ENSEMBLE	678.000
Billets sans couverture	265.000
TOTAL fin 1885 .... fr.	943.000

« Il faut remarquer, dit M. Soetbeer, en ce qui concerne la circulation des billets, que 70 à 80 millions de francs en valeurs de premier ordre sur l'étranger et immédiatement réalisables en or, sont conservés par la Banque nationale comme couverture des billets. »

Italie

	M. SIMONELLI (3 juin 1885)	STATISTICIENS italiens (1885)	M. FERRARIS (juin 1885)
Or dans le Trésor d'État	224.400	219.000	}
Or dans les Banques	280.800	280.000	} 600.000
Or dans la circulation	60.000	75.000	}
Argent dans le Trésor	5.900	80.000	.110.000 décimale
Argent dans les Banques	33.100	44.000	27.000 bourbo-
Argent dans la circulation	50.000	50.000	niennes
Argent divisionnaire	170.000	171.000	170.000
Bronze		75.000	70.000
ENSEMBLE	824.200	994.000	983.000
Papier-monnaie d'État		238.000	
Billets sans couverture		612.000	
TOTAL en mille lires		1.844.000	

Suisse

	(Mille francs)
Or	90.000
Argent (5 francs)	70.000
Monnaie d'appoint	20.000
ENSEMBLE	180.000
Billets sans couverture	54.510
TOTAL	234.510

Autriche-Hongrie

	(Mille florins)
Or...	80.000
Argent..	150.000
Billon...	48.000
ENSEMBLE..	278.000
Papier-monnaie..................................	338.000
Billets sans couverture.......................	165.000
TOTAL en mille florins.......................	781.000

Allemagne

	En 1870	En 1885
	(En mille marks)	
Or (non compris le Trésor de guerre).............	91.000	1.550.000
Or en lingots et monnaies étrangères à la Banque de l'Empire.......................................	»	191.000
Argent (thalers).......................................	1.500.000	450.000
Argent (monnaies de l'Empire)..................	»	442.000
Argent divisionnaire...............................	85.000	»
Monnaies étrangères et Banque de Hambourg...	76.000	»
Cuivre et nickel.......................................	»	40.000
ENSEMBLE...........................	1.752.000	2.670.000
Papier d'État...	184.000	»
Billets sans couverture...........................	359.000	499.000
TOTAUX en mille marks................	2.295.000	3.175.000

Le Trésor de guerre est en outre de 120 millions de marks en or.

États Scandinaves

	Danemark	Suède	Norvège	Union
Or dans les banques.......	46.260	21.630	10.410	87.300
Or dans la circulation.....	3.000	11.000	1.000	15.000
Argent.........................	18.500	15.500	5.000	39.000
Bronze........................	700	900	300	1.900
En mille couronnes.	68.460	49.030	25.710	143.200
Billets sans couverture.	23.830	64.140	17.740	105.710
Totaux.....	92.290	113.170	43.450	248.910

« Si l'on tient compte, dit M. Soetbeer, de la converture en valeurs étrangères des billets de la Banque de Norvège, le montant
des billets sans couverture n'est que de 8.472.000 couronnes à la
fin de 1885. »

Russie

Or à la Banque impériale (fin 1883)......................	170.316
Or chez les particuliers...............................	10.000
Argent à la Banque impériale (fin 1885).................	1.120.404
Argent chez les particuliers...........................	10.000
Billon................................... 70.000 à	80.000
En mille roubles, environ......	1.390.750
Papier-monnaie, fin 1885	907.000

Ces évaluations, en ce qui concerne la Russie, n'ont pas été présentées par le docteur Soetbeer sous la forme tabulaire ci-dessus, ce qui semble indiquer qu'il ne leur accorde pas le même degré d'exactitude qu'aux évaluations relatives aux autres pays,

États-Unis

Or au Trésor public et dans les banques nationales...	335.252	586.728
Or dans la circulation.............................	251.476	
Argent au Trésor et dans les banques nationales.....	199.741	307.659
Argent dans la circulation.........................	107.915	
Total au 1ᵉʳ novembre 1885, en mille dollars.....................		894.387

Le total des billets en circulation, tant de l'État que des banques, est porté par M. Soetbeer à 662.528.000 dollars, dont il faut, à ce qu'il semble, déduire la réserve métallique du Trésor et des banques nationales pour avoir le chiffre des billets à découvert. M. Soetbeer n'a pas fait ce calcul, à raison de l'incertitude qui règne au sujet des certificats de dépôt d'or, tantôt considérés comme métal par les banques et tantôt comme papier à l'égard du Trésor.

Récapitulation

M. Soetbeer présente dans un tableau récapitulatif les stocks monétaires d'or et d'argent qu'il attribue aux différents pays. Ils sont évalués en millions de marks. J'y ai joint la conversion en millions de francs, en faisant observer, comme précédemment, qu'il en résulte quelques fractions qui donnent au travail de M. Soetbeer une apparence de précision à laquelle il n'a certainement pas voulu prétendre.

Stocks monétaires des différents pays en 1885

	(EN MILLIONS DE MARKS)			(EN MILLIONS DE FRANCS)		
	Or	Argent	Total	Or	Argent	Total
Grande-Bretagne.....	2.220	432	2.652	2.711	533	3.271
Colonies anglaises (sans l'Inde)	680	66	746	839½	81½	921
Pays-Bas.............	80	269	349	99	332	431
France, Italie, Belgique, Suisse.	4.195	3.200	7.393	5.179	3.950½	9.129½
Autriche-Hongrie.....	160	370	530	197½	457	654½
Allemagne...........	1.744	892	2.636	2.153	1.101	3.254
États scandinaves....	115	42	157	142	52	194
Russie...............	770	280	1.050	950½	346	1.296½
États-Unis	2.464	1.292	3.758	3.042	1.595	4.637
Autres contrées d'Europe et d'Amérique.	036	1.000	1.036	1.155½	1.234½	2.390
Totaux........	13.364	7.843	21.207	16.400	9.682½	26.181½

CHAPITRE VI

Escompte et cours du change

Ce chapitre fort court consiste principalement en tableaux des variations du taux de l'escompte et du cours du change sur Londres, sur les principales places commerciales, de 1851 à 1885.

Je me bornerai à reproduire le résumé suivant.

Moyenne de l'escompte sur les principaux marchés

PÉRIODES	LONDRES Banque d'Angleterre	PARIS Banque de France	BERLIN Banque de Prusse	HAMBOURG escompte privé	VIENNE
1851-1860	4.12	4.16	4.39	3.40	4.41
1861-1865	4.00	4.83	4.47	3.30	5.11
1866-1870	3.62	3.07	4.67	3.27	4.51
1871-1875	3.75	4.86	4.50	3.77	5.16
1876-1880	2.87	2.65	4.17	3.24	4.34
1881-1885	3.43	3.34	4.28	3.37	4.00

CHAPITRE VII

---

*Variations dans les prix des marchandises en général et dans le
pouvoir d'achat de l'or*

Ce chapitre final est le plus développé et aussi l'un des plus importants de l'ouvrage.

Le docteur Soetbeer commence par déclarer que la question monétaire a pris, avec le développement du crédit et des banques, un caractère tout différent de celui qu'elle avait autrefois. « Dans l'antiquité et au moyen âge, dit-il, le stock des métaux précieux existant dans les pays alors civilisés était le facteur le plus important pour la fixation des prix, qui sont l'expression en monnaie de la valeur des marchandises. Les échanges en nature n'avaient aucune influence sur les prix en argent, et, à cette époque, les transactions à terme ne jouaient pas un rôle plus considérable. » Aussi, voit-on les prix s'élever avec l'abondance des métaux précieux et s'abaisser avec leur raréfaction. Ce sont ces faits qui ont amené la « théorie de la quantité » presque généralement professée jusque vers 1840.

Mais bientôt une nouvelle opinion se fit jour dans un ouvrage publié en 1843 par J. Helferich. « A la fin de la période comprise entre 1815 et 1830, dit cet auteur, lorsque le flux des métaux précieux fut soudainement interrompu, nous avons retrouvé, en dépit de la diminution en Europe du medium circulant, à peu près les mêmes prix que ceux existant sur le marché du continent à l'époque où l'or était le plus abondant,... La monnaie, en tant que moyen d'échange, et c'est là, semble-t-il, la caractéristique du commerce moderne, tend à perdre de plus en plus son influence sur les prix des marchandises.... Les changements dans le medium métallique circulant, s'ils sont amenés par des causes qui leur sont propres et indépendantes de l'état du commerce, sont peu importants lorsqu'on les compare aux changements si extraordinairement variés qui peuvent se produire dans la situation du commerce. En tout cas, ces changements sont peu de choses

quand on les compare à ceux que peut continuellement amener le
crédit. Le crédit a cette propriété remarquable de pouvoir séparer
complètement les deux fonctions de la monnaie, sa fonction comme
mesure de valeur et sa fonction comme moyen d'échange. Il peut
faire de n'importe quelle marchandise un moyen d'échange tout en
laissant la monnaie mesure de valeur. Dans les premiers âges, lorsqu'il n'existait d'autre moyen d'échange que celui qui était également
une mesure de valeur, lorsque la conservation des biens acquis
était incertaine, et le peu de développement du commerce un obs-
tacle à l'usage du crédit, les changements dans le seul moyen
d'échange existant exerçaient nécessairement une grande influence
sur les prix. La situation est bien différente à notre époque... Les
prix des marchandises dépendent de leur valeur d'échange, et
l'argent est dit cher ou bon marché suivant le niveau plus ou moins
élevé des prix. Les changements dans le cours de l'argent doivent
être considérés comme les effets et non comme les causes des variations dans le cours des marchandises. »

En dépit de cette explication, à laquelle M. Soetbeer attache visi-
blement une grande valeur, les phénomènes qui se sont produits récemment dans la tenue générale des prix (la hausse considérable de 1850 à 1860, la réaction en baisse qui a succédé à la
« période de spéculation effrénée des années 1872 et 1873 »), ont
été généralement attribués, d'une part, à la colossale production
d'or de l'Australie et de la Californie, d'autre part, à la suspen-
sion de la libre frappe de l'argent dans tous les États de l'Europe.
M. Goschen disait en 1878, à la Conférence monétaire interna-
tionale de Paris, que la démonétisation continuelle de l'argent,
occasionnerait une catastrophe financière et commerciale sans précédent. « L'opinion de M. Goschen, dit M. Soetbeer, que l'accroissement du pouvoir d'achat de l'or était la véritable cause de
l'abaissement des prix, est admirée et soutenue par beaucoup de
gens en Angleterre, et bien plus encore par les champions du
bi-métallisme sur le continent. »

M. Giffen n'hésite pas à attribuer dans cet abaissement des
prix une plus grande importance à la rareté de l'or qu'à la multi-
plication des marchandises et à la diminution des prix de revient
par suite des progrès de l'industrie et des moyens de transport.

« Comme on pouvait s'y attendre, dit M. Soetbeer, M. Giffen ne
maintient pas la « théorie de la quantité » dans la forme absolue
qu'elle devait avoir et qu'elle avait dans le système économique

simple d'une époque où il n'existait pas de moyens de crédit, du moins où le crédit n'avait pas atteint un développement sérieux ; il accommode cette théorie au système économique compliqué de notre époque de perfectionnement dans l'organisation des banques et du crédit. Il répète que les moyens pour restreindre l'usage des espèces ont déjà atteint en Angleterre leur plus grand développement depuis quelques années. Toutes choses restant les mêmes, l'augmentation de la population et de la production demandera une augmentation correspondante dans les monnaies destinées aux transactions journalières et dans les quantités d'or formant l'encaisse des banques, si on veut empêcher une baisse dans le niveau des prix et des salaires. La pénurie d'or se fera d'abord remarquer dans les réserves des grandes banques, et influera indirectement mais nécessairement sur le taux de l'escompte et sur les prix. Voilà pourquoi M. Giffen pense qu'à moins qu'il ne se produise une augmentation dans le stock monétaire actuel, une baisse dans le prix des marchandises est inévitable. »

Les bimétallistes en Allemagne partagent cette opinion, et le docteur Arendt explique ainsi le mécanisme de l'influence des métaux précieux sur la fixation des prix. Un pays règle sa circulation métallique suivant ses besoins au moyen de l'escompte. S'il se produit un afflux considérable de métaux précieux, le taux de l'escompte diminuera dans tout le pays et cela donnera un stimulant à la production. Au contraire, un faible stock de métaux précieux produira certainement en peu de temps une insuffisance dans le medium circulant et l'on sera obligé, comme on le fait aujourd'hui en Angleterre, d'attirer les métaux précieux, par des taux d'escompte élevés. Les autres pays, qui ne peuvent perdre leurs métaux précieux, sont atteints par cette situation, et la hausse dans les taux d'escompte se généralise ; forcément, la production en est entravée.

Le docteur Arendt pense que la baisse de l'argent a été la cause de la baisse des prix, parce que la force d'achat des pays à étalon d'argent (Asie orientale et Amérique) a diminué, et que ces pays ne peuvent plus acheter les produits industriels d'Europe, si ce n'est à des prix excessivement faibles... En même temps la baisse de la valeur de leurs monnaies leur permet d'exporter à bas prix dans les pays à étalon d'or. Il existe donc dans ces dernières contrées un double motif de dépréciation des prix qui devait forcément se produire par la simultanéité d'une diminution dans la demande et d'une augmentation dans l'offre. Ainsi l'étalon d'or conduirait au renchérissement de l'or, et ce renchérissement aurait un effet contraire à celui des droits de douane protecteurs : il encouragerait l'importation et restreindrait l'exportation.

Après avoir exposé les arguments des publicistes qui attribuent la baisse des prix des marchandises à la baisse de l'argent et à la rareté de l'or, M. Soetbeer présente les raisons opposées par leurs adversaires.

M. Hansard, en Angleterre, attribue la baisse des prix des marchandises à leur surproduction et celle-ci à l'emploi toujours croissant de la vapeur dans les manufactures et les transports. Il pense qu'aucune pénurie d'or n'a été éprouvée en Angleterre, comme le prouve le faible taux moyen de l'escompte maintenu par la Banque d'Angleterre pendant ces dix dernières années. Pour vingt-cinq articles (sucre, thé, café, riz, indigo, gingembre, laine, coton, jute, tabac, cochenille, soude, salpêtre, peaux, suifs, bois de construction, fer, cuivre, étain, blé, charbon, cacao, poivre, soie, viande — ces quatre derniers sans dépréciation), il montre que si, de 1874 à 1883, le prix collectif s'en est abaissé dans la proportion de 2,500 à 2,111, les quantités offertes s'en sont élevées dans la proportion de 2,500 à 3,310. Suivant M. Hansard, le besoin de l'or dans les payements se fait de moins en moins sentir. Le système de crédit sous forme de chèques ou d'ordres de banque prend une très grande extension : la moyenne des transactions annuelles de la Chambre de compensation de Londres a été pour la période 1871-1875 de 23,613 millions de livres sterling et pour la période 1881-1885 de 29,816 millions de livres sterling.

Le professeur E. Nasse, en Allemagne, ne trouve pas que la démonstration soit faite de la baisse générale des prix par rapport à l'époque antérieure à la période de spéculation de 1871-74. La baisse est évidente pour les matières premières et les articles dégrossis ; elle s'explique par l'exploitation de nouvelles et fertiles contrées dans presque toutes les parties du globe, par la production moins coûteuse de presque tous les produits agricoles et d'un grand nombre de produits miniers, par l'abaissement extraordinaire des frais de transport. Par contre, les salaires des travaux ordinaires ou artistiques, les prix de détail, surtout pour les articles courants entièrement finis, se sont maintenus au même taux que précédemment.

M. Leroy-Beaulieu, en France, conteste également que la dépréciation de l'argent et la diminution dans la production de l'or soient les causes de la baisse dans les prix des marchandises. Cette baisse est amenée par le défrichement des nouvelles contrées, par la facilité du transport des capitaux produits dans les vieilles contrées et qui sont d'un rapport plus considérable dans les pays neufs, par l'amélioration des moyens de commmunication par terre et par mer, par l'abaissement du fret et des tarifs de chemins de fer, et enfin par tous les progrès mécaniques, chimiques et techniques accomplis dans la fabrication. Il n'est aucunement nécessaire, pour le maintien des prix, que la quantité du métal précieux formant l'étalon augmente en proportion de l'extension et, si l'on peut ainsi parler, du volume du commerce. L'usage du télégraphe, les compensations d'un marché à l'autre, l'emploi des valeurs mobilières internationales, les billets de banque, les chèques, rendent beaucoup moins nécessaire qu'autrefois le recours aux métaux précieux, en même temps que la réduction du frai, des pertes et de la thésaurisation permet de les utiliser plus complètement sans déperdition.

Après avoir exposé les opinions contradictoires sur la question des prix, M. Soetbeer aborde les faits, mais il présente auparavant cette remarque que les discussions qu'il vient de citer concernent presque exclusivement les prix du gros. Cependant « ils ne doivent pas être seuls considérés, et peut-être ne doit-on pas les mettre en première ligne lorsqu'il s'agit d'apprécier exactement le pouvoir d'achat de l'or. Les commerçants et les manufacturiers, dit-il, gémissent de plus en plus dans ces dernières années sur la rareté de l'or, sur la baisse des prix et sur la stagnation du commerce, mais, par contre, nous entendons beaucoup de gens également intéressants se plaindre de la cherté de la vie et de la baisse de la valeur de la monnaie. »

M. Soetbeer cherche à traduire par quelques chiffres choisis, empruntés à la statistique des salaires et traitements, des fermages et loyers, et des dépenses de consommation, ce sentiment général d'une baisse de la valeur de la monnaie et d'un enchérissement de la vie qui en serait la conséquence. Je résume ces chiffres en un tableau où je n'ai réuni, pour la facilité des comparaisons, que des nombres proportionnels; on trouvera les chiffres réels dans l'ouvrage de notre auteur.

Augmentation des salaires, des loyers et des dépenses de 1850 à 1885

SALAIRES DU BATIMENT A HAMBOURG	1848-1851	1874-1878	1879-1886
Tailleurs de pierres............	100	198	198
Poseurs de pierres, 1re classe..	100	180.3	180.3
Id. 2e classe..		165.9	165.9
Manœuvres, 1re classe.........	100	226.6	226.6
Id. 2e classe.........		215.8	215.8
Journaliers.................	100	204.5	204.5

CHEMINS DE FER DE L'ÉTAT PRUSSIEN (1)	(1850)	(1860)	(1872)	(1886)
Employés de la catégorie I..... (moyenne : 1,123 marks en 1886)	100	117.3	107.5	174.3
Employés de la catégorie II.... (moyenne : 2,199 marks .	100	133.2	183.6	202.4
Employés de la catégorie III... (moyenne : 3.659 marks).	100	108.1	136.0	116.5

DOMAINES DE PRUSSE	(1850)	(1860)	(1870)	(1886-1887)
Loyer d'un hectare (anc. provinces)...............Marks	14.10	17.55	26.46	38.25
Loyer d'un hectare (nouv. provinces)... ....Marks	»	»	30.60	52.85

MAISONS A HAMBOURG	(1850)	(1860)	(1870)	(1885)
Loyers importants (9 maisons)..	100	144.6	169.7	215
Loyers faibles (10 maisons).....	100	106.3	134.7	208.5

CONSOMMATION TOTALE	(1850)	(1860)	(1870)	(1885)
Famille d'ouvriers (Brunswick) .	100	»	151	171
Famille d'employés (I.	100	»	170	209
Hospice gén. de Hambourg (2).. (moyenne de la journée d'entretien)	100	116	141.2	226.7
	(1841-50)	(1851-60)	(1861-70)	(1881-85)

(1) J'ai calculé les chiffres proportionnels d'après les moyennes successives indiquées par M. Soetbeer.
(2) En 1871-75, 205; en 1876-80, 211.

M. Soetbeer conclut de ces divers exemples que la statistique du prix des marchandises en gros ne peut seule suffire à résoudre la question du pouvoir d'achat de l'or.

Cette réserve faite, il expose la méthode des *index numbers*, instituée en Angleterre en 1863, par le professeur Jevons, et suivie depuis par l'*Economist* de Londres. Cette méthode consistait à prendre les prix moyens d'un certain nombre de marchandises en gros durant la période 1845-1850 (six années) à supposer chacun d'eux égal à 100 et, sur cette base, à faire une comparaison proportionnelle du prix des mêmes articles au 1ᵉʳ janvier ou au 1ᵉʳ juillet de chaque année. « M. Newmarch et les écrivains de l'*Economist* de Londres, ajoute M. Soetber, ont continué ces calculs jusqu'à l'époque actuelle pour quarante-sept articles. Les prix d'un certain nombre d'articles similaires ont été groupés pour faire le calcul proportionnel de telle sorte qu'à la fin il est resté vingt-deux articles, et les *index numbers* s'appliquant à leurs prix sont calculés comparativement aux prix des années 1845 à 1850. En additionnant ces vingt-deux *index numbers*, et en prenant 2,200 comme base pour les années 1845 à 1850, on obtient l'*index number* collectif qui sert à indiquer annuellement les changements dans le niveau des prix. Les articles compris dans la liste de l'*Economist* sont les suivants : café, sucre, rhum, thé, tabac, beurre, blé, pommes de terre, bœuf, mouton, porc, soie, lin, fil de lin, chanvre, laine, bois de campêche, indigo, huile de baleine, pétrole, bois de construction, suif, cuir, salpêtre, potasse, cuivre, fer, plomb, acier, étain, charbon, coton écru, coton filé, articles de coton » (1).

La principale critique adressée à cette méthode (et les auteurs sont les premiers à en reconnaître le bien fondé), est que les chiffres totaux sont établis sans qu'on tienne compte de l'importance relative des produits. Le blé, par exemple, n'y compte pas plus que l'indigo. « M. Palgrave, dit M. Soetbeer, s'est efforcé de mettre les totaux des *index numbers* (auxquels on attache beaucoup d'importance en Angleterre) à l'abri de la critique faite contre eux de ne pas tenir compte de l'importance relative des produits. Il a ainsi amené M. Nash à employer dans son « Memorandum » un

---

(1) La liste donnée en tête des diagrammes est un peu différente : café, sucre, thé, tabac, blé, viande fraîche, coton, soie, lin, chanvre, laine de mouton, indigo, huile, bois de construction, suif, peaux, cuivre, fer, plomb, zinc, coton de Pernambuco, fil de coton, cotonnade.

nouveau mode de calcul des *index numbers* pour les vingt-deux articles composant la liste de l'*Economist*. Pour les nouveaux *index numbers*, la base (100) n'est pas prise pour les années 1845 à 1850, mais pour les années 1865 à 1869. En outre, M. Nash assigne à chaque article un chiffre indiquant son importance relative. Son Memorandum contient enfin un calcul semblable pour les prix de gros, d'après la commission permanente des valeurs, des vingt-deux articles français dont voici la liste : café, sucre, céréales,

	PRIX ANGLAIS		PRIX FRANÇAIS
	Index numbers totaux sans égard à l'importance relative des Marchandises.	En ayant égard à l'importance relative des Marchandises.	En ayant égard à l'importance relative des Marchandises.
1865 - 69	2.200	2.200	2.200
1870	1.995	1 975	2.000
1871	1.981	2.046	2.250
1872	2.133	2.107	2.310
1873	2.237	2.298	2.300
1874	2.207	2.378	2.125
1875	2.098	2.125	2.083
1876	2.044	2.186	2.090
1877	2.064	2.205	2.107
1878	1.910	2.081	2.010
1879	1.676	1.805	1.915
1880	1.918	1.967	1.947
1881	1.782	2.054	1.990
1882	1.830	1.908	1.855
1883	1.755	1.924	1.756
1884	1.660	1.750	
1885	1.550	1.669	

Pourcentages correspondant aux index numbers ci-dessus.

1865 - 69	100	100	100
1870	91	90	91
1871	90	93	102
1872	97	100	105
1873	102	104	105
1874	100	108	97
1875	95	97	95
1876	93	99	95
1877	94	100	90
1878	87	95	91
1879	76	82	87
1880	87	89	88
1881	81	93	86
1882	83	87	84
1883	80	88	80
1884	75	80	
1885	70	70	

bœufs, beurre, riz, tabac, graine de laine, huile de palme, suif, soie, coton, laine, peaux, charbon, fer, acier, cuivre, plomb, zinc, soieries, lainages, gants.

Voici le tableau comparatif des *index numbers* pour les prix anglais suivant les deux méthodes et des *index numbers* pour les prix français. (*Voir ci-contre.*)

Voici maintenant, d'après M. Palgrave, les index numbers des prix de sept articles sur les marchés indiens, rapprochés de la baisse de l'argent par rapport à l'or.

	Riz commun	Blé	Coton	Huile de ricin	Graine de lin	Jute	Peaux	Baisse de l'argent
1865-69	100	100	100	100	100	100	100	1.000
1870	84.8	99.2	92.8	102.2	92.9	136.2	114.7	965.0
1871	72.2	70.4	79.5	99.6	95.0	129.1	129.0	992.1
1872	70 0	78.0	93.1	112.0	102.8	110.7	125.4	970.1
1873	79.8	82.1	77.2	106.8	106.7	103.2	156.8	958.8
1874	114.4	83.0	60.4	101.7	102.6	118.7	166.0	950.5
1875	94.5	67.3	63.5	79.7	87.2	101.2	114.7	927.7
1876	106.6	63.8	67.7	84.5	89.8	115.5	143.1	879.8
1877	106.4	82.4	73.0	116.8	99.3	135.6	121.8	891.9
1878	139.5	116.1	74.1	128.6	106 3	141.5	130.0	849.1
1879	132.8	106.2	85.2	110.8	110 4	142.8	144.2	856.3
1880	97.1	95.0	77.2	92.6	99.1	116.7	158.4	856.1
1881	74.6	84.9	71.5	87.7	91.4	135.0	141.1	853.3
1882	73.3	82.6	68.8	86.2	81.2	98.8	131.0	837.6
1883	92.1	82.2	66.2	92 8	88.1	123.3	162.4	838.1
1884	113.1	72.0	74.1	89.1	10.7	106.4	161.4	828.3
1880-84	90.1	83.3	71.5	89.0	90.1	122.1	151.4	842.7

Les prix sur lesquels ces *index numbers* ont été établis sont, pour le riz ordinaire et le blé, les prix moyens de six marchés. Pour les autres articles, les prix ont été relevés dans les ports d'exportation. « En raison de la situation si différente de chacune des provinces de cet immense pays (l'Inde), il a été impossible, dit M. Soetbeer, d'établir si les prix s'étaient élevés dans l'intérieur. Mais il est certain que les salaires des maçons, charpentiers, forgerons, etc., ont augmenté partout. »

M. Soetbeer ne s'est pas borné à la reproduction de ces documents. Pour suppléer à l'insuffisance des index numbers anglais, il a dressé, avec l'aide du Bureau des statistiques commerciales de Hambourg, des tables de prix de 100 marchandises, depuis 1847 jusqu'à 1885, et il les a complétées avec les chiffres des statistiques commerciales anglaises, par les prix de 14 articles d'exportation de l'Angleterre. En prenant les prix moyens de 1847-1850 comme base, il a calculé par années et par périodes quinquennales les *index numbers* de chaque article.

Je ne reproduirai pas les tables détaillées des prix de ces 114 articles, je me bornerai à donner ici la récapitulation par catégories de produits et par périodes quinquennales, mais auparavant il faut indiquer la composition des différentes catégories :

I. Produits agricoles : 20 articles : Froment, Farine de froment, Seigle, Farine de seigle, Avoine, Orge, Maïs, Sarrasin, Pois, Haricots blancs, Pommes de terre, Houblon, Graine de trèfle, Graine de colza, Huile de navette ou de colza (?), Huile de lin, Tourteaux, Sucre brut, Sucre raffiné, Alcool de grains et de pommes de terre.

II. Produits de l'élevage et de la pêche : 22 articles : Viande de bœuf, Viande de veau, Viande de mouton. Viande de porc, Lait, Beurre, Fromage, Suif, Graisse, Peaux, Peaux de veau, Cuirs, Crins de cheval, Soies de porc, Plumes (pour literie), Os, Cornes de bœuf, Colle-forte, Œufs, Harengs, Poissons secs, Huile de poissons.

III. Fruits étrangers et dérivés : 7 articles : Raisins secs, Raisins de Corinthe, Amandes, Prunes sèches, Huile d'olive, Vins français (sans le vin de Champagne), Vin de Champagne.

IV. Produits coloniaux (sans le coton) : 19 articles : Café, Cacao, Thé, Poivre, Piment, Cannelle du Malabar, Riz, Sagou, Arrack, Rhum, Tabac, Indigo, Cochenille, Bois de campêche, Bois rouge (?), Bois d'acajou, Bambous, Huile de palme, Ivoire.

V. Produits miniers et métallurgiques : 14 articles : Houille, Fer brut, Fer forgé, Acier, Plomb, Zinc, Etain, Cuivre, Mercure, Soufre brut, Salpêtre brut, Sel, Chaux, Ciment.

VI. Matières textiles : 7 articles : Coton, Laine, Lin, Chanvre, Soie, Cordages, Chiffons.

VII. Divers : 11 articles : Guano, Gomme élastique, Gutta-percha, Résine, Prussiates et chromates, Poix, Potasse, Soude, Bougies, Goudron, Cire.

VIII. Articles d'exportation anglaise : 14 articles : Filés de coton, Tissus de coton bonne qualité unie, bonne qualité imprimée, Bas et chaussons, Fil à coudre, Verre commun et bouteilles, Filés de lin, Tissus de lin unis, Toile à voiles, Filés de laine, Draps, Flanelles, Etoffes de laine, Tapis.

Nombres proportionnels représentant les prix moyens des groupes de marchandises

	1847-50	1851-55	1856-60	1861-05	1866-70	1871-75	1876-80	1881-85
I. Produits agricoles...	100	129.99	131.84	124.46	137.74	144.90	138.12	130.77
II. Élevage et pêche......	100	114.79	132.31	128.24	136.35	151.57	146.76	150.65
III. Fruits étrangers et dérivés.................	100	110.43	134.72	114.13	121.54	131.50	138.91	134.41
IV. Produits coloniaux (sans le coton)............	100	110.97	122.61	118.64	118.32	130.72	126.38	119.01
V. Mines et métallurgie...	100	107.03	113.50	102.11	95.47	116.90	94.35	81.55
VI. Matières textiles..	100	105.20	107.12	131.83	129.17	117.17	102.33	96.65
VII. Divers...............	100	106.65	108.21	144.33	105.90	114.98	96.79	91.11
VIII. Fils, tissus et verrerie d'exportation anglaise.	100	98.47	102.41	127.56	130.55	126.44	111.70	103.28
Ensemble des 114 articles...	100	112.22	120.01	123.59	123.57	133.20	123.07	117.68

« Des 114 articles que nous avons étudiés dans les tableaux précédents, dit M. Soetbeer, si l'on compare l'année 1885 à la période 1847-50, 51 ont augmenté dans leur prix de plus de 5 %, 55 ont baissé de plus de 5 %, et les 8 autres sont restés stationnaires. D'un autre côté, si l'on compare l'année 1885 à la période 1871-75, on constate une hausse de plus de 5 % dans les prix de 10 articles seulement, une baisse de plus de 5 % dans ceux de 90 articles, et aucun changement important dans ceux de 14 autres.

« Le manque de place ne nous permet pas de plus longues remarques sur ces tableaux. Le but principal des remarques que nous venons de faire est de montrer que les prix de gros sont sujets à d'importants et à de fréquents changements, que beaucoup de facteurs influent sur leurs cours, et qu'il est excessivement difficile d'arriver à une conclusion certaine sur le niveau réel des prix de gros à une époque déterminée par rapport à une autre.

« Si néanmoins nous voulions consigner sommairement le résultat de nos recherches sur les changements survenus dans le pouvoir d'achat de l'or, nous dirions que, comparé à l'époque immédiatement antérieure à la grande production d'or, le prix de l'existence dans ces trente dernières années s'est élevé de 60 à 80 % pour la plus grande partie de la population en Allemagne. De 1871 à 1875 il n'y a pas eu, en général, de hausse plus importante. Le niveau général des prix de gros dans ces cinq dernières années est de 18 % supérieur à celui des années antérieures à 1851, mais de 12 % inférieur à celui de la période 1871-75.

« Toutes ces évaluations cependant ne peuvent et ne doivent être regardées que comme des approximations ».

L'ouvrage est complété par une annexe contenant :

1° Un exposé sommaire du système monétaire du Royaume-Uni, des colonies anglaises, des Indes anglaises, des États-Unis, de l'Allemagne, de l'Union scandinave, des Pays-Bas et de l'Union latine ; 2° Des diagrammes figurant aux yeux les statistiques contenues dans le texte.

On trouvera ces documents et ces graphiques à la suite de la traduction française publiée par les soins de M. Ruau, directeur de la Monnaie.

Le Mans. — Typ. Ed. Monnoyer

LES ANNALES ÉCONOMIQUES

ANCIENNE FRANCE COMMERCIALE

La Revue paraît le 5 et le 20 de chaque mois

CONDITIONS D'ABONNEMENT

Paris : Un an, **20** fr.; Départements : Un an, **22** fr.
Étranger : Un an, **24** fr.

Les Abonnements partent du 5 de chaque mois

On s'abonne sans frais dans tous les Bureaux de poste de France et de l'Union postale.

Ce Recueil est honoré de Souscriptions des Ministères du Commerce et de l'Industrie, de l'Agriculture, de la Marine et des Colonies, du Conseil municipal de Paris, des Grandes Administrations de l'État et des Principales Écoles de Commerce de France et de l'Étranger.

Armand MASSIP, *Directeur-Gérant*;
Émile BERR, membre de la Société d'économie politique, *Rédacteur en chef*.

COMITÉ DE RÉDACTION :

MM.

BARBE, ✻, député; BARBEY, ✻, sénateur; BURDEAU, ✻, député; E. CHABRIER, O ✻, administrateur de la Compagnie générale transatlantique; G. COMPAYRE, ✻, et Paul DESCHANEL, députés; Léon DONNAT, O ✻, membre du Conseil municipal de Paris; Eugène ETIENNE, Félix FAURE, ✻, Fernand FAURE, députés; FOURNIER de FLAIX, publiciste; GERVILLE-REACHE, député; ISAAC, sénateur; JAMAIS, JAURÈS, députés; JOURDAN, ✻, directeur de l'École des Hautes Études commerciales; DE LANESSAN, député; E. LEVASSEUR, O ✻, membre de l'Institut; A. PRADON, député; Arthur RAFFALOVICH, ✻, publiciste; A. RENOUARD, vice-président de la Société industrielle du nord de la France; Jules RUEFF, ✻, armateur; SABATIER, député; Yves GUYOT, député.

CORRESPONDANTS ÉTRANGERS :

MM.

J.-H. LÉVY, de Londres; M. MATAJA, professeur à l'Université de Vienne (Autriche); Van HOUTEN, membre de la deuxième chambre des États Généraux de la Haye; J. WEILLER, ingénieur aux charbonnages de Mariemont et Bascoup (Belgique).

Les Annales Économiques contiennent, indépendamment de la publication régulière d'études originales dues à la plume autorisée des écrivains qui composent le Comité de Rédaction, la reproduction et le commentaire des principaux articles de Revues et de Journaux et des documents officiels récemment publiés; les comptes rendus de conférences; l'analyse des ouvrages nouveaux; et — dans une **Revue Économique** *générale — l'ensemble des informations relatives au mouvement industriel et commercial de la France et de l'Étranger.*

Aux mains de tous ceux qu'intéressent les questions économiques, elles constituent un résumé complet, une sorte de memento raisonné de tout ce qui s'est dit ou écrit d'important ou d'original sur ces questions, pendant la quinzaine écoulée.

Les **Annales Économiques** *paraissent en livraisons de 100 pages; elles forment donc un volume de 1,200 pages, chaque semestre.*

Grâce au prix très modique de l'abonnement, elles constituent le plus avantageux des ouvrages de vulgarisation économique qui ait été créé jusqu'ici.

Le Mans. — Typographie Edmond Monnoyer.